கற்பித்தலில் கணினி

Computers in Education

M. செந்தில் முருகன்.M.E

நீச்சல்காரன் இராஜாராமன்

தமிழ் எங்கள் உயிருக்கு நேர்

Tamilunlimited
10 Maybelle Court Mechanicsburg PA 17050 USA
7178025889
tamilunltd@gmail.com

நூலின் பெயர் : கற்பித்தலில் கணினி

ISBN :979-8-9856875-5-2

பொருள் :கணினி வழிக் கற்றல் கற்பித்தல்

மொழி : தமிழ்

ஆசிரியர்கள் : M. செந்தில் முருகன்,M.E,
நீச்சல்காரன் இராஜாராமன்

காப்புரிமை :ஆசிரியர்களுக்கு

முதல் பதிப்பு :அச்சுப்பதிப்பு 2023

நூலின் விவரம்: : 6*9

எழுத்துரு : TAU மருதம்

எழுத்துரு அளவு :12

அச்சகம் : IngramSpark

பதிப்பகம் : Tamilunltd

10 Maybelle court,
Mechanicsburg PA 17050 USA

7177283999
tamilunltd@gmail.com

தமிழ்ப் பல்கலைக்கழகம், மொழியியல் துறை,
தஞ்சாவூர்.
பார்வதீஸ் கலை அறிவியல் கல்லூரி,தமிழ்த்துறை,
திண்டுக்கல்
தி ஸ்டாண்டர்ட் ஃபயர் ஒர்க்ஸ் இராஜரத்தினம் மகளிர்
கல்லூரி (த), தமிழ்த்துறை,
சிவகாசி.
ஜி.டி.என். கலைக்கல்லூரி (த),
கணித்தமிழ்ப் பேரவை,
(தமிழ்த்துறை & கணினிப் பயன்பாட்டுத்துறை),
திண்டுக்கல்.
சைவபானு சத்திரிய கல்லூரி,தமிழ்த்துறை,
அருப்புக்கோட்டை .
ஓயிஸ்கா, தமிழ்நாடு கிளை
(இந்தியா).
தமிழ் அநிதம்
(அமெரிக்கா)
தமிழ்த் திறவூற்று மென்பொருள் குடும்பம்
(அமெரிக்கா).
பாரதி தமிழ்ச் சங்கம்
(பகரைன்).
நாகூர் தமிழ்ச்சங்கம்,
நாகூர்.
முத்துக்கமலம் மின்னிதழ்.

வல்லமை மின்னிதழ்

Table of Contents

அடுத்த தலைமுறைக்கான கற்றல் கற்பித்தலின் கணினித் தொழில்நுட்பங்கள்

M. செந்தில் முருகன் M.E

கற்றல் கற்பித்தல்:

இன்றைய ஆசிரியர்கள் பள்ளி மாணவர்களாக இருந்த காலங்களை விட இன்றைய மாணவர்களிடம் ஏற்படும் கணினித் தாக்கங்கள் அதிகமாகவும், வித்தியாசமாகவும் இருக்கின்றன. தாங்கள் கற்ற கல்வியை பல்வேறு கணினித் தொழில்நுட்பங்களைப் பயன்படுத்தி கற்றுத் தர வேண்டிய சூழ்நிலை இன்றைய ஆசிரியர்களுக்கு உள்ளது.

மாணவர்களுக்குப் புரியும் வண்ணம் எளிமையாக கணினியைப் பயன்படுத்தி வரைபடங்களாகவும் பாடம் தொடர்பான புகைப்படங்களை அமைத்தும் காணொலி வாயிலாகவும் கற்பிக்க வேண்டும். மாணவர்களின் கணினிப் பயன்பாட்டை மாணவர்கள் தங்கள் தொழிலுக்காகப் பயன்படுத்தும் ஒரு கற்றல் திறனை இதன் மூலம் பயிற்றுவிக்க முடியும்.

கணினித் தொழில்நுட்பம் ஆசிரியர்களுக்கு ஒரு சவாலாகவும், போட்டியாகவும், மாணவர்களின் கவனச் சிதறலுக்குக் காரணமாகவும் இருக்கின்றன என்பதை உணர்ந்து, இப்பாதிப்புகளை முழுமையாக அகற்றா விட்டாலும் பாதிப்புக்களைக் குறைக்கும் வகையிலான ஆக்கபூர்வமான வகுப்பறைச் சூழல் அமைய வேண்டும்.

தேடுதல் முறைகள்:

கணினித் தொழில்நுட்பம் என்று எண்ணும் போதே தேடுபொறிகளின் செயல்களே முன்னணியில் இருக்கின்றன. தேடுபொறிகளில் தேடி செய்திகளை எடுப்பதும், அதை அப்படியே ஏற்றுக் கொள்வதும் இன்று சர்வசாதாரணமாகி விட்டது. பொதுவாகத் தேடுதல் தளங்களான Google, Youtube போன்றவற்றில் தான் அதிகமாகச் செய்திகளும்,காணொளிகளும் இருக்கின்றன. இவற்றில் கற்றல் கற்பித்தலுக்குத் தேவையானவற்றை நேரம் காலம் விரயமாகாமல் உடனே தேர்ந்தெடுத்துக் கொள்ளும் வழிமுறைகளை ஆசிரியர்கள் தெரிந்து வைத்து இருப்பது மிகவும் அவசியமாகும். பள்ளியிலோ, வீட்டிலோ மாணவர்கள் பயன்படுத்தும் கணினிகளில் இணைய உலாவிகளில் மாணவர்கள் எந்தெந்த தளங்களுக்குச் செல்லலாம், என்ன மாதிரியான பொருண்மைகள் எப்படி தவிர்க்கப் பட வேண்டும் என்பது ஒரு பாதுகாப்புக் கலையாகவும், அடிப்படை அறிவுத் திறனாகவும் ஒவ்வொரு பாடத்திலும் மாணவர்களிடத்தில் வலியுறுத்த வேண்டும். தேடுபொறிகள் காட்டும் தகவல்களை விளம்பரங்கள், உண்மைக்குப் புறம்பான செய்திகள், தீய பழக்கங்களைத் தூண்டும் செய்திகள், கவனத்தைச் சிதற வைக்கும் உத்திகள், எனப் பிரித்துப் பார்க்க ஆசிரியர்களும் மாணவர்களும் கூட்டாக இணைந்து செயல்பட வேண்டும் . இச்செயல்பாடுகள் பாடத்தின் முக்கியக் கூறுகளாக இருக்க வேண்டும். இதனால் கண்டறியப்படும் செய்திகளைக் கொடுக்கும் நபர் யார்? அவர் எங்கிருந்து அந்தத் தகவலைப் பெற்றிருக்கின்றார் என்ற தெளிவு கற்றல் கற்பித்தலில் இருக்கும்.

கணினித் தொழில்நுட்பம் வழி கற்றல், கற்பித்தல் என்று யோசிக்கும் போது, யார்? என்ன? எது? எப்படி? எவ்வளவு? என்ற கேள்விகளுக்கு விடை அளிப்பதன் மூலம், அடுத்த தலைமுறைக்கான கற்றல் கற்பித்தல் என்ற கேள்விக்கு விடையளிக்க முடியும்.

யாருக்குக் கற்பிப்பது?

கற்றுக் கொள்ளும் ஆர்வம் இருப்பவர்கள் பலருக்கும் இணையதளங்கள் கற்றுத் தருகின்றன. வகுப்பறை மாணவர் என்ற ஒரு தனிப்பிரிவு கலைந்து, இணையமே ஒரு வகுப்பறையாக உருவாகியுள்ளது. இணையத்தில் பொதுவாக வரும் செய்திகள், சமூக வலைதளங்கள் போன்றவற்றை விட கற்றல் கற்பித்தலுக்கென்றே பல தொழில்நுட்பங்கள் உள்ளன. பொது மக்கள் பலர் தங்களுக்குத் தேவையான திறன் வளர்ச்சியைத் தேடும் முயற்சியில் உள்ளனர். இன்றைய பணிகள் அத்தனையும் கணினி சார்ந்ததாக இருப்பதால் அடிக்கடி மாறிக் கொண்டு இருக்கும் தொழில்நுட்பங்களை உடனடியாகப் பயன்படுத்தும் சூழல் உள்ளது.

அதனால் இணையம் வழிக் கற்றுக் கொள்ளவும் மாணவர்கள் தயாராக இருக்கின்றனர். வீட்டில் இருந்தபடியே தங்கள் செயல்திறனை மெருகேற்றிக் கொள்ளவும் அனைவரும் முயல்கின்றனர். இதைக் கருத்தில் கொண்டு ஆசிரியர்கள் தங்கள் பாடங்களைக் கணினி வழி இடுதல் வேண்டும். அவரவர் தங்கள் மாணவருக்கு மட்டுமே ஒரு கற்றல் வளத்தை உருவாக்கியிருந்தாலும், அதைப் பலரும் உபயோகப்படுத்தும் ஒரு கருவியாகவே இணையம் செயல்படுகிறது.

யார் கற்பிப்பது?

சில ஆண்டுகளுக்கு முன்புவரை ஆசிரியர்கள் தான் மாணவர்களுக்கு கல்வி கற்றுக் கொடுக்கும் முறை வழக்கத்தில் இருந்தது. தற்போது யாருடைய துணையும் இன்றி இணையதளத்தின் வழியாக சுயமாகவே கற்கும் நிலை உருவாகியுள்ளது. இதனால் ஆசிரியர்கள் தங்கள் அனுபவத்தை மாணவர்களுடன் பகிர முடியாமல் போகின்றது.

அனைவருமே, கணினி வழி செல்லும் செய்திகளைத் தான் முதன் முதலில் ஆர்வமாகக் கற்கின்றனர். இன்றைய ஆசிரியர்கள் தங்கள் அனுபவப் பாடங்களை வகுப்பறைக்குள் மட்டுமன்றி, இன்னும் பல்வேறு வகையான வசதிகளை தொழில்நுட்பங்களில் புகுத்தி கற்றுக் கொடுக்கும் முயற்சிகளையும் எடுத்து வருகின்றனர். அவர்களின் அனுபவத்தை எவ்வாறு ஆசிரியர்கள் வெளிப்படுத்துகின்றனர் என்பதை வைத்தே அவர்களின் கணினித் தொழில்நுட்பத் திறமை வெளி வருகிறது. ஒரு ஆசிரியரின் அனுபவம் மட்டுமின்றி பலரின் அனுபவ அறிவுகள் தரவுகளாக இன்று கணினிகளில் உள்ளன.

தேடுதலும், தேடுதல் முறைகளும் ஒரு அறிவியலாகவே பார்க்கப் படுகின்றது.ஏதேனும் பிரச்சனைக்குத் தீர்வு காண வேண்டுமென்றால் தொழில்நுட்பங்களின் துணையை நாடி உண்மையைக் கண்டறிந்து அதனை அத்தொழில்நுட்பங்கள் வழியாகவே பலருக்கும் தெரிவிக்கலாம். திறன்பேசியில் உள்ள தேடல் என்னும் பிரிவில் சென்று தமக்கு வேண்டியதைத் தேடி பெற்றுக் கொள்ளலாம். வீடியோக்கள் தேவைப்பட்டால் இதற்கு யூடியூப்பின் உதவியை நாடலாம். உரை வடிவில் தேவைப்பட்டால் அதற்கு google (online), listary (offline) உதவியை நாடலாம்.

மனிதர்களின் தேடுதல் பணியை இயந்திர வேகத்தில் செய்யவும், பெற்ற செய்திகளை தொகுத்துக் கொடுக்கவும் இன்று பல மென்பொருட்கள் இணையத்தில் உலா வருகின்றன. இம்மென்பொருட்களை மாணவர்களுக்கு எடுத்துக் காட்டியும், அவர்களின் செயல்திறனையும், வேறுபட்ட சிந்தனையையும், பிரச்சனைகளுக்கு பல்வகைத் தீர்வுகளை கண்டு பிடிக்கும் திறன்களையும் வளர்க்கும் பாடத் திட்டங்களை ஆசிரியர்கள் கணினித் தொழில்நுட்பம் வழியாகக் கொடுத்தால் மட்டுமே, வகுப்பறையும் கற்றல் கற்பித்தலின் தளமாக விளங்க முடியும்.

ஏன் கற்பித்தல் வேண்டும்?

நல்ல பல்துறை அறிவுள்ள சமுதாயத்தினை உருவாக்கும் பொருட்டு, கணினி சார்ந்த கற்பித்தல் அவசியமாகிறது. கணினித் தொழில்நுட்பம் அனைவரின் வாழ்விலும் ஒரு அங்கமாக செயல்படுகிறது என்பதை உணர்ந்து கற்பிக்க வேண்டும். தற்கால கற்றல் கற்பித்தல் சூழ்நிலையில் வயது வரம்பு, பாலின வரம்பு, உடல் ஊனங்கள், மூளைக் குறைபாடுகள் என்ற எந்த ஒரு பாகுபாடும் இன்றி அனைவரும் மாணவர்களாக இருப்பதால் கணினித் தொழில்நுட்பம் வழி கற்பிப்பது அவசியமாகின்றது. கணினியில் பணிசெய்யும் வேலை என்பது மறைந்து கணினியோடு இணைந்தோ அல்லது கணினியைச் சார்ந்தோ இன்றைய பணிச்சூழல்கள் உள்ளன. அதற்கேற்ப தொழில்நுட்பங்களை, அறிமுகப்படுத்தவும், அனுபவங்களை பெறவும் கற்பித்தல் அவசியமாகின்றது.

எங்கே கற்பித்தல் வேண்டும்?

வீட்டிலிருந்த படியே குறுஞ்செயலிகளின் துணை கொண்டு திறன்பேசி அல்லது கணினி வாயிலாகவும் அல்லது அதற்கென நிர்ணயிக்கப்பட்ட கல்வி நிறுவனத்திற்கோ நேரடியாகச் சென்றும் தொலை தூரத்திலிருந்தும் கற்பிக்கலாம். தொழில்நுட்பம் வழிக் கற்றல் கற்பித்தல் வளங்கள் கிடைப்பதால் இருபத்துநான்கு மணி நேரமும் கற்றல் நேரலாம். உரை மட்டுமன்றி ஒலி, காணொளி, விளையாட்டு போன்ற வழிகளில் பாடப் பொருண்மைகள் கொடுக்கப்படும் போது, எங்கேயும் எப்படியும் மாணவர்கள் கற்றுக் கொள்ளலாம்.

எப்படி கற்பிக்க வேண்டும்?

எளிமையாக அனைவருக்கும் புரியும் படி ppt வாயிலாகக் கற்பிக்கலாம். மாணவர்கள் எளிமையாகவும் ஆர்வத்தோடும் கற்பதற்கு ppt உதவுகிறது. மேலும் தொலைக்காட்சி, youtube, இணையதளங்கள் வலைப்பதிவுகள் முதலான தொழில்நுட்பங்களின் துணை கொண்டும் கற்பிக்கலாம். குறுஞ்செயலி வழி விளையாட்டுக்கள், பல்லூடகப் பயன்பாடு எனப் பன்முகமாக கற்பிக்க வேண்டிய வளங்களை உருவாக்கிக் கற்பிக்க வேண்டும். ஏற்கனவே இணையத்தில் இருக்கும் வளங்கள் அல்லாது, புதிய பொருண்மைகளை, ஆராய்ச்சிகளை, செயல்பாடுகளை அறிமுகப்படுத்தும் வகையில் அடிப்படைப் பாடப் பொருண்மைகள் இருக்க வேண்டும்.

எதைக் கற்பிக்க வேண்டும்?

ஆராய்ச்சி எண்ணம் கொண்ட மாணவரால் மட்டுமே செய்திகளை பகுத்து ஆராய்ந்து தீர்வு கூற இயலும். அத்தகைய ஆராய்ச்சி எண்ணம் உருவாகும் வகையில் பாடங்கள் தவிர உடனுக்குடன் நடக்கும் நிகழ்வு, அரசியல், சமுதாய அவலங்கள் இவற்றைப் பற்றி கலந்தாலோசிக்க வேண்டும். மனிதாபிமானமற்ற செயல்களைத் தூண்டும் வகையில் கண்டிப்பாகப் பாடப் பொருண்மைகள் இருக்கக் கூடாது.

பன்னாட்டு நிலவரங்கள், சமூகப்பிரச்சனைகள் இன்று உடனுக்குடன் அனைவருக்கும் தெரிந்து விடுகின்றன. இந்நிகழ்வுகள் எத்தகைய பிரச்சனைகளுக்குக் காரணமாக அமையும் என்பதையும் அப்பிரச்சனைகளைய்த் தீர்க்க மாணவர்களுக்குக் கற்றுக் கொடுக்க வேண்டும். பிரச்சனைகளின் தீர்வை ஆராயவும் அமுல்படுத்தவும் கணினித் தொழில்நுட்பத்தைப் பயன்படுத்தக் கற்றுத் தர வேண்டும்.

கற்றல் கற்பித்தலுக்கானப் பயன்பாட்டை ,உணர்ந்து கற்க உதவியாக, பாடப் பொருண்மை சார்ந்த பல்வேறு செய்திகளை, வரலாறு ஆராய்ச்சிகள், கலாச்சாரம் பண்பாடு, மொழி, சமயம் போன்ற இன்னும் பல பொருண்மைகளோடு ஒப்பிட்டுக் கற்பிக்க வேண்டும். ஒவ்வோரு பொருண்மையிலும் சமுதாய நன்மை,தீமைகள், பொருளாதார முக்கியத்துவம், இயற்கைச் சூழல், காலநிலைக் காப்பாடு ஆகியவற்றை மேம் படுத்தும் வகையில் பாடப் பொருண்கள் தயாரிக்கப் படவேண்டும். கணினியே வழிகாட்டியாக வகுப்பில் செயல்படுகின்ற நிலையில் கொடுக்கப்படும் பொருண்மைகள் தரவுகள் அடிப்படையிலும் பிரிக்கப் பட வேண்டும். "#" சின்னத்தைப் பயன்படுத்தி முக்கியமான பதங்களை, கலைச் சொற்களை, குறிப்புச் சொற்களை இணையத்தில் வலம் வரச் செய்யலாம்.

எப்பொழுது கற்பிக்க வேண்டும்?

குழந்தைகள் இரண்டு வயதிலிருந்தே உற்று கவனிக்க ஆரம்பித்து விடுகின்றனர். அன்றிலிருந்தே வீடுகளில் பெற்றோர்கள் கற்றுக் கொடுக்கலாம். மூன்று வயதிலிருந்து பள்ளிப் படிப்பை துவங்கலாம். கற்றலுக்கு பொதுவாக வயது வரம்பு தேவையில்லை. படிக்க வேண்டுமென்ற எண்ணமுள்ளவர்களுக்கு வரப்பிரசாதமாக இணையதளங்கள் உள்ளன.

கணினி சார்ந்த நெறிமுறைகள்:

- Google Classroom
- Moodle
- Teams
- Zoom
- Canvas

முதலான குறுஞ்செயலிகளின் வழி இருந்த இடத்திலிருந்தே பாடங்களைக் கற்பிக்க முடியும். மாணவர்களும் வீட்டிலிருந்த படியே பாடங்களைக் கற்றுக் கொள்ளலாம். இவை இன்றைய கற்றல் கற்பித்தலின் அடிப்படைக் கருவிகள். கணினியே இன்று வகுப்பறையாகவும், கரும்பலகையாகவும், புத்தகங்களாகவும் விளங்குகின்றன.

மெருகேறிய கற்றல்:

சுயசார்பும், சுயமதிப்பீடுமே கற்பித்தலை மேலும் மெருகேற்றுகிறது. மாணவர்கள் தங்களின் சுயசார்பு நிலையை வளர்த்துக் கொள்ளும் வழியில் பாடத்திட்டங்கள் இருக்க வேண்டும். யாராவது சொல்லித் தருவார்கள், அப்பொழுது கற்றுக் கொள்ளலாம் என்ற எண்ணம் இல்லாமல் தாமாகவே தேடி கற்றுக் கொண்டு அதை மற்றவருக்குக் கற்றுத் தருவது சிறப்பு. சுயமதிப்பீடுஒருவரின் கற்றலை மெருகேற்ற அவருக்கு உதவும். மாணவர்கள் அவர்களைப் பற்றி அவர்களே அறிந்து கொண்டு தங்களிடமுள்ள திறமையினைக் கண்டறிந்து அதனை வெளிப்படுத்துவது இன்னும் கற்க வேண்டுமென்ற எண்ணத்தை ஏற்படுத்தும்

கற்பிக்கும் முறைகள்:

சமூக வலைதளங்களில் தன் துறைக்கான தகவல்கள் அனைத்தையும் சேகரித்து மாணவர்களுக்கு பாடப் பொருண்மைகளைக் கற்பிக்க வேண்டும். ஆசிரியர்கள் சமூக வலைதளங்களை பயன்பாட்டில் வைத்திருக்க வேண்டும். பாடத்திற்கென வலைப்பூக்களும், தம்தம் துறைக்கென்று இணையத் தளங்களும் வைத்திருக்க வேண்டும்.

பாடப் புத்தகங்களில் மட்டுமே பாடப் பொருண்மைகள் இல்லாமல், வலைப்பூக்களிலும் இணையத் தளங்களிலும் பாட வளங்கள் கிடைக்கும் படி செய்ய வேண்டும். ,அப்பொழுது தான் இன்றைய சூழலின் தொழில்நுட்பத்தை நம்மால் கற்று மாணவர்களையும் வழி நடத்த முடியும்.

மாணவா்களுக்கு தற்போது தம் துறையின் ஆதார வளங்களாக மற்ற ஆசிரியர்களை அழைத்து அவர்களை அறிமுகம் செய்து புதிய தகவல்களை மாணவர்களுக்குப் புகட்ட வேண்டும். கணினிக் கல்வியைத் தவறாது ஊக்கப்படுத்தி விளக்க வேண்டும். புதிய தொழில்நுட்பங்களை செயற்கை நுண்ணறிவு AI, VR, AR ஆகிய இக்கால தொழில்நுட்பங்களை மாணவா்களுக்கு அறிமுகப்படுத்தி அதில் அவா்களின் வளா்ச்சியை ஏற்படுத்த முயல வேண்டும்.

மாணவா்களின் கேள்விகளைப் புரிந்து அவர்களுக்கு நன்முறையில் விடையளிக்கப் பழக வேண்டும். கேள்வி கேட்கும் மாணவர்களை ஊக்கப்படுத்தி மேலும் அவா்களுக்கு சந்தேகம் எழா வண்ணம் ஆசிரியர்களும் தங்களைத் தயாா் படுத்திக் கொள்ள வேண்டும்.

பாடத்திட்டம் அமைக்கும் முறை:

ஊடகவியல், இதழியல் முதலான வேலைவாய்ப்பு அளிக்கும் துறைகள் தொடர்பான பாடத்திட்டங்களை அமைக்கலாம்.அனைத்துத் துறை மாணவ மாணவிகளுக்கும் பயன்படும் வகையில் கணினித் தொழில்நுட்பம் சாா்ந்த அறிவினைப் புகட்டும் முறையில் பாடத்திட்டம் அமைத்தல் அவசியம். எத்துறை மாணவர்களாயினும் அவர்களுக்கு உடனே வேலை வாய்ப்பு கிடைக்கும் வகையிலான பாடத்திட்டங்களை அமைத்தல் சிறப்பு. பள்ளியிலிருந்தே மாணவர்களுக்கு தொழில்நுட்பம் பற்றிய அறிவினை செயல்திறனாகத் தரும்

பாடத்திட்டங்களை அமைத்தல் வேண்டும். குறுஞ்செயலிகளை உருவாக்குதல், தொழில் நுட்பங்கள் பற்றிய தெளிவான தகவல்களை செய்முறைப் பயிற்சியின் வழிக் கற்றுத் தருதல் சிறப்பு.

தம் துறை சாா்ந்த அறிவினைப் பெறுவதோடு பல்துறை சார்ந்த அறிவினையும் பெறும் வகையிலான பாடத்திட்டத்தை அமைத்தல் வேண்டும். தமிழ் மொழி, கணினி மொழி பாடத்திட்டத்திட்டங்களை கட்டாயமாக்குதல் வேண்டும். மாணவர்கள் தாமாகவே ஆா்வத்தோடு கற்கும் வகையிலான பாடத்திட்டங்களை அமைக்க வேண்டும்.

பாடத்திட்டங்கள் ஒரு நூலாக மட்டுமில்லாமல் இன்றைய இணையத் தொழில்நுட்பத்தைப் பயன் படுத்தி பல்வேறு வகையில் மாணவர்களைச் சென்றடைய வேண்டும். மாணவர்களின் சந்தேங்கள் பயிற்சிகளில் வரும் பிரச்சனைகள் முதலியவற்றை உடனடியாகத் தீர்க்கக் கூடிய உதவி உடனடியாகக் கிடைக்கும் படி தொழில்நுட்பங்களைப் பயன்படுத்த வேண்டும்.

கல்வி முறை:

மாணவா்களை மையமிட்டதாகக் கல்வி முறை அமைய வேண்டும். ஒரு சமுதாயத்தில் தனித்து இயங்கக் கூடிய அளவிற்கு மாணவர்களை உருவாக்கும் வகையில் கல்வி முறையானது அமைய வேண்டும். மாணவர்களின் அறிவினைப் பெருக்கும் வகையில் கல்வியானது அமைய வேண்டும். மாணவர்கள் எந்த ஒரு பணியையும் அச்சமில்லாமலும் சிரமமில்லாமலும் எதிர்கொள்ளும் தன்னம்பிக்கையை மாணவர்களுக்குத் தரும் கல்வி முறையே அடுத்த தலைமுறைக்கான கல்வியாகும்.

ஒரு சில பாடங்களில் மட்டும் ஏட்டறிவு கொண்டிராமல் பன்முகச் செயல்திறன்களை வளர்க்கும் கல்வி முறை பாலர்ப் பள்ளிகளிலேயே இருக்க வேண்டும். கல்லூரிகளில் மாணவர்களின் பணி, வேலைவாய்ப்பு சார்ந்த கல்வி முறையை புழக்கத்திற்குக் கொண்டு வர கல்வி தொழில்நுட்பங்கள் உதவும்.

கணினித் தொழில்நுட்பமும் , கற்றல் கற்பித்தலும் எந்த ஒரு தடையின்றி, கால்வரையறையில்லாமல் நடந்து கொண்டே இருப்பதால், ஆசிரியர்களின் பணி சிரமமாகின்றது. கணினியை இவ்வாறு பயன் படுத்திக் கொண்டே இருப்பதால் பயனாளர்களின் மனநலம் உடல்நலம் கெட வாய்ப்புக்கள் அதிகம். எனவே ஒவ்வோருவரின் மனநலம், உடல்நலம் ஆகியவற்றை கண்காணித்து பராமரிக்கும் வழிகளுக்கு முக்கியத்துவம் கொடுக்கின்ற கல்வி முறைத் தேவையாகின்றது.

நிரலில்லாக் குறுஞ்செயலிகள் உருவாக்கம்

நீச்சல்காரன் இராஜாராமன்

தமிழ் பயில்வதோடு சேர்த்து மென்பொருள் உருவாக்கம் செய்யும் முறையையும் கற்றுக்கொண்டால் இணையத்தில் சாதிக்க இயலும். குறுஞ்செயலி என்பது கைப்பேசியில் செயல்படும் சிறிய மென்பொருளாகும். இதில் நமக்குத் தேவையான பணிகளைச் செய்துகொள்ளலாம். மேலும் தொழில்நுட்பத்தைத் துணைகொண்டு நடைமுறையில் எதிர்கொள்ளும் சவால்களைத் தீர்ப்பதற்குக் குறுஞ்செயலியைப் பயன்படுத்தலாம். எல்லாவிதமான கணினிப் பணிகளைச் செய்வதற்கும் குறுஞ்செயலி பயன்படுகிறது. தனி மென்பொருளாக இருப்பதைவிடக் குறுஞ்செயலியாக இருந்தால் எளிதில் எடுத்துச் செல்லமுடியும், உடனே இயக்கவும் முடியும்.

அத்தகைய குறுஞ்செயலிகளை மூன்று வகையான முறைகளில் உருவாக்க முடியும். அவையாவன,

இணையதளம் - Web App

ஆயத்தக் குறுஞ்செயலி - App makers

நிரல் – Native Apps (Android studio/flutter)

இணையதளச் செயலி:

இணையதளச் செயலி ஓர் இணையதளத்தை அப்படியே செயலியாக மாற்றிக் கொள்ளலாம். இதில் செயலிக்கென்று தனிக் கட்டுமானமோ நிரலோ தேவையில்லை. தளத்தில் மாறுதல்கள் நிகழ்ந்தால் அது அப்படியே செயலியிலும் காட்டப்படும். பல வலைப்பூக்களுக்கு இந்த வகையில் குறுஞ்செயலி உருவாக்கப்பட்டுள்ளன.

இத்தகைய செயலிகளை உருவாக்க பல மென்பொருட்கள் இருந்தாலும் https://www.appypie.com/ என்ற தளம் மிகவும் பிரபலமானது. உதாரணம் https://oss.neechalkaran.com/vaani.apk என்ற பிழைதிருத்தி செயலி அவ்வகையில் உருவானதே.

ஆயத்தக் குறுஞ்செயலி:

ஆயத்தக் குறுஞ்செயலி என்ற இந்த வகையான செயலிகளை நிரலாக்கமே தெரியாதவர்கூடச் செய்து கொள்ளமுடியும். அதைச் செய்துகொடுக்க பல இணையதளங்கள் உள்ளன. இதிலும் நிரலில்லாமல் செயலி உருவாக்கமுடியும். இவற்றை ஆயத்த ஆடை போல விரும்பிய வசதிகளை எடுத்துப் போட்டு ஒரு செயலியை உருவாக்கிக் கொள்ளலாம்.

நிரல்வழிச் செயலிகள்:

மேலே சொன்னவற்றைத் தவிரப் பெரும்பாலும் நிரலெழுதி செயலி உருவாக்குவது மூன்றாவது வகை. ஆண்டிராய்ட் ஸ்டுடியோ, பிளட்டர் போன்ற மென்பொருட்கள் கொண்டு செயலி உருவாக்கப்படுகிறது. நவீன மற்றும் நிறைவான செயலிகளை உருவாக்க நிரலாக்கமே ஒரே வழி.

இந்தக் கட்டுரையில் ஆயத்தச்செயலிகளை உருவாக்கப் பயன்படும் தளங்களைப் பற்றிப் பார்ப்போம்.

https://appinventor.mit.edu என்பது அமெரிக்க எம்.ஐ.டியினர் உருவாக்கிய கருவி. இதில் புகுபதிகை செய்து கொண்டு புதிய திட்டத்தை உருவாக்கலாம். வேண்டிய பொத்தான்கள், படங்கள், இதர கட்டுப்பாட்டு வசதிகள் என்று அனைத்தையும் துளி நிரலாக்கமின்றி எடுத்துப் போட்டு உருவாக்க முடியும். நாம் உருவாக்கிய செயலியை AI Companion கொண்டோ யுஎஸ்பி வடம் மூலம் கணினியிலோ இயக்கிப் பார்க்கமுடியும். App Inventer ல் நமக்குப் பிடித்தவாறு Manual create செய்து அதனை பொதுப் பயன்பாட்டிற்கு Google play store, Amazon app store போன்றவற்றில் பதிவேற்றம் செய்யலாம்.

appsgeyser.com என்னும் தளத்தைப் பயன்படுத்தி, அதில் உள்ள வார்ப்புருக்களைக் கொண்டு, எளிமையாகச் செயலியை உருவாக்க முடியும். இக்கருவியில் அறிவிக்கைகள், விளம்பரங்கள் போன்றவற்றிற்கு ஏற்ற பல வார்ப்புருக்கள் உள்ளன.

appyet.com என்ற இணையத்தளப் பக்கத்தில் சிறுவர்களே தங்களுக்குப் பிடித்த மாதிரியான குறுஞ்செயலிகளை உருவாக்கிக் கொள்ளலாம். உதாரணமாக – வரைபடங்கள் உருவாக்கம், கோலம் இது போன்ற அவர்களுக்கு விருப்பமான படைப்புகளை உருவாக்கம் செய்யலாம்.

thunkable.com என்ற இணையதளப் பக்கத்தில் சென்று தங்களுக்குப் பிடித்த மாதிரியான பாகங்களைத் தேர்ந்தெடுத்துக் கொள்ளலாம். இக்கருவியானது blocks வகையில் அதாவது நிரலாக்க இல்லாமல் ஊடாடக் கூடிய வகையில் அமைந்துள்ளது.

bravstudio.app என்ற தளத்தில் வடிவமைப்பு மற்றும் தரவுத்தளம் இரண்டும் வெவ்வேறாக இருக்கும். அதாவது பிடித்தமான வடிவமைப்பை figma போன்ற தளத்தில் செய்து கொண்டு, தரவு தளச் சேமிப்பை airtable தளத்திலும் அமைத்துக் கொண்டு, இரண்டையும் இத்தளத்தில் கொடுத்து ஒரே குறுஞ்செயலியாக உருவாக்கிக்கொள்ளலாம்.

இதர செயலி உருவாக்கிகள்:

http://www.appgyver.com

http://www.andromo.com

http://appinstitute.com

http://www.shoutem.com

http://appmysite.com

குறுஞ்செயலி உருவாக்குவதன் மூலம் எளிதில் நாம் பகிர நினைப்பதை மற்றவர்கள் எளிதில் பெற்றுக் கொள்ளமுடியும். ஒரு விற்பனைப் பொருளாகவோ, செயல்படும் கருவியாகவோ, இலக்கியப் படைப்பாகவோ இருக்கலாம் அதைக் குறுஞ்செயலியில் வழங்குவதால் பலரிடம் கொண்டு சேர்க்க முடியும். கணினியைவிடக் கைப்பேசியைத்தான் அதிகமானவர்களிடம் உள்ளது. வாணி(https://vaanieditor.com) போன்ற பிழை திருத்திகளுக்கான குறுஞ்செயலி உருவாக்குதல், அடிப்படையில் தரவுகளைத் தமிழில் மாற்றுதல், தட்டச்சினை எளிமைப்படுத்திச் செயலிகளை உருவாக்குதல், ஆங்கிலத்திற்கு இணையான தமிழ்ச் சொற்களை உருவாக்குதல், தமிழ்க் கற்றல் பாடங்களை வாங்குதல் போன்றவற்றைப் பல தேவைகளுக்குத் தீர்வுகளைக் குறுஞ்செயலி வழியாக உருவாக்கலாம்.

குறுஞ்செயலியை உருவாக்க நிரலாக்க அறிவு தான் வேண்டும் என்பதில்லை. ஆர்வமும் கற்பனையும் இருந்தால் போதும். தொடர்ந்து கணித்தமிழ் சார்ந்த தகவல்களை அறியக் கீழ்க்கண்ட குழுக்களில் இணையலாம்.

tva−kaninitamil−valarchi@googlegroups.com

kanittamiz@googlegroups.com

freetamilcomputing@googlegroups.com

https://www.facebook.com/groups/col.aayvu

https://www.facebook.com/groups/tamilsol

https://www.facebook.com/groups/nokkar

https://oss.neechalkaran.com/tamilsoftwares/

இதில் உள்ள மென்பொருட்களைப் பயன்படுத்தலாம். நல்ல குறுஞ்செயலிகளைப் பகிர்வோம், பயனுள்ள குறுஞ்செயலிகளை உருவாக்குவோம்.

சிந்திக்க:

ஒரு வகுப்பறை பாடத்திட்டத்தைப் பாரம்பரிய முறையில் தயாரிக்கத் தேவையான செயல்பாடுகள், கால அளவு, ஆகியவற்றைக் குறைக்கும் வகையில் நீங்கள் பயன் படுத்தப்படும் தொழில்நுட்பங்கள் யாவை?

அத்தொழில்நுட்பங்களுக்கானத் திறனை மாணவர்கள் வளர்த்துக் கொள்ளும் வகையில் பாடத்திட்டங்களைத் தயாரிக்க முடியுமா?

இன்றையப் பாரம்பரியத் தேர்வு முறையைத் கணினித் தொழில்நுட்பங்கள் கொண்டு எவ்வாறு செய்யலாம்? எந்தெந்தத் தொழில்நுட்பங்களைப் பயன்படுத்தலாம்?

ஒரு பன்முகப் பாடப் பொருண்மைகளை உருவாக்க ஏதுவான உங்களுக்குத் தெரிந்த கணினி வளங்கள் யாவை?

கல்விக்கான கணினி வளங்களின் தேவை என்ன? அதை எப்படி பூர்த்தி செய்வது?

குறிப்பு:

_____
_____
_____
_____
_____
_____
_____
_____
_____
_____
_____

ஆசிரியர்களைப் பற்றி

செந்தில் முருகன்

செந்தில் முருகன் அண்ணா பல்கலைக்கழகத்தில் எலக்ட்ரானிக்ஸ் கம்யூனிகேஷன் மற்றும் இன்ஜினியரிங் முடித்துள்ளார்.

செந்தில் முருகன் 2012 முதல் 2014 வரை பல்வேறு துறைகளில் பணிபுரிந்து தனது கனவு நிறுவனத்தைத் தொடங்கினார். அந்த இரண்டு ஆண்டுகளில் செந்தில் முருகன் கற்பித்தல், நிரலாக்கம், செயற்கை நுண்ணறிவு மற்றும் எம்.எல், முப்பரிமான வடிவமைப்புகள்(3D), மனித வளம் மற்றும் சந்தைப்படுத்தல் ஆகியவற்றில் பயிற்சி பெற்றார்.

அவர் திட்டமிட்டபடி, செந்தில் முருகன் ஏப்ரல் 14 ஆம் தேதி தனது உள்ளூர் ராஜபாளையத்தில் பைகான் என்ற பெயரில் தனது நிறுவனத்தைத் தொடங்கினார். செயல்கள் அனைத்தும் சாத்தியம் என்ற நம்பிக்கையே அவரது தாரக மந்திரம்.

நகர மாணவர்களுடன் போட்டியிட தன் உள்ளூர் மாணவர்களை ஒன்றிணைத்து அவர்களின் வளமான எதிர்காலத்திற்கு தேவையான அனைத்து அத்தியாவசிய திறன்களையும்கற்பிப்பதே பைகான் நிறுவனத்தின் குறிக்கோள். ஊர் மக்களின் அன்பும் ஆதரவும், நான்கு பள்ளிகளுடன் கிடைத்த கூட்டமைப்புடனும். அவர்கள் தொடர்ந்து வளர்ந்து வருகின்றனர், தற்போது எட்டு ஊழியர்கள், பத்து வழிகாட்டிகள், இரண்டு கிளைகளைக் கொண்ட வலுவான அடித்தளத்தை அமைத்து விட்டனர். பல்வேறு பள்ளி, கல்லூரிகளில் ஐம்பதுக்கும் மேற்பட்ட பயிலரங்குகளை நடத்தி,ஆயிரத்திற்கும் மேற்பட்ட மாணவர்களுக்கு பல்வேறு துறைகளில் பயிற்சி அளித்து வருகின்றனர்.

பைகான் மற்றும் அவர்களின் மாணவர்கள், அவர்களின் கடின உழைப்பின் காரணமாக, தமிழ்நாடு மற்றும் அதைச் சுற்றியுள்ள பல்வேறு போட்டிகளில் பெருமளவு அங்கீகரிக்கப்பட்டு வெற்றி பெற்றுள்ளனர். அவர்களின் மாணவர்களில் ஒருவர் இந்தியாவின் சிறந்த அரசுப் பள்ளி மாணவருக்கான விருது 2021ஐப் பெற்றுள்ளார்.

செயல்முறை அனுபவங்கள் மற்றும் சுய கற்றல் இரண்டிலும் மாணவர்களின் மனநிலையை மேம்படுத்தவும், அதன் மூலம் அவர்களின் வேலையில் சுயமாகச் செயல்படுவதற்கான நம்பிக்கையை வளப்படுத்தவும் பைகான் குழு செயல்படுகிறது. இன்றைய பைக்கான் மாணவர்கள் தங்கள் கல்லூரி வாழ்க்கையைப் பற்றி தன்னம்பிக்கையுடன் இருக்கிறார்கள், மேலும் அவர்கள் தங்களைச் சுற்றியுள்ள வளங்களை சிறப்பாகப் பயன்படுத்தக் கற்றுக்கொண்டுள்ளனர்.

ஆசிரியர்களைப் பற்றி

நீச்சல்காரன்

நீச்சல்காரன் விக்கிப்பீடியர், நிரலாளர், எழுத்தாளர் எனப் பல தளங்களில் இயங்கி வருகிறார். மதுரையைச் சேர்ந்த இவர் தற்போது சென்னையில் பன்னாட்டு நிறுவனமொன்றில் தொழில்நுட்பத் தலைவர் '(டெக்னாலஜி லீட்)'ஆகப் பணிபுரிந்து வருகிறார். எழுத்துரு மாற்றி, எழுத்துப்பிழை திருத்தி, சந்திப் பிழை திருத்தி, மொழி ஆய்வுக் கருவி போன்று பல்வேறு தமிழ் மொழி சார்ந்த கருவிகளை இணையத்தில் உருவாக்கியுள்ளார்.

இணையத்திலுள்ள ஒரே தமிழ்ப் பிழை திருத்தியான "வாணி"யின் உருவாக்குநர். இதன் காரணமாக 2015 ஆம் கனடா தமிழ் இலக்கியத் தோட்டத்தின் கணிமை விருதும், தமிழக அரசின் 2019 ஆண்டுக்கான முதலமைச்சர் கணினித் தமிழ் விருதும் பெற்றார். தமிழ் விக்கிப்பீடியா மற்றும் விக்கிமூலம் திட்டங்களின் நிர்வாகிகளுள் ஒருவர். விக்கிப்பீடியாவில் தொழில்நுட்ப உதவி, கட்டுரையாக்கம், பிழை நீக்கம் போன்ற பல்வேறு பணிகளில் பத்தாண்டுகளுக்கும் மேலாகச் செய்து வருகிறார்.

இவரது தொழில்நுட்ப உதவியுடன் சுமார் 23,000 தமிழ்க் கட்டுரைகள் தமிழ் விக்கிப்பீடியாவில் உருவாக்கப்பட்டுள்ளன. தமிழ்க் கணிமை, நிரலாக்கம், விக்கித் திட்டங்கள், இணையத் தமிழ் போன்ற தலைப்புகளில் பல கல்லூரிகளில் பயிற்சியும் அளித்து வருகிறார்.